Dr. Abhishek Mehta
Dr. Priya Swaminarayan

Domínio do telemóvel: Navegando no cenário de desenvolvimento do Instasnap

Dr. Abhishek Mehta
Dr. Priya Swaminarayan

Domínio do telemóvel: Navegando no cenário de desenvolvimento do Instasnap

ScienciaScripts

Imprint
Any brand names and product names mentioned in this book are subject to trademark, brand or patent protection and are trademarks or registered trademarks of their respective holders. The use of brand names, product names, common names, trade names, product descriptions etc. even without a particular marking in this work is in no way to be construed to mean that such names may be regarded as unrestricted in respect of trademark and brand protection legislation and could thus be used by anyone.

Cover image: www.ingimage.com

This book is a translation from the original published under ISBN 978-620-7-47347-2.

Publisher:
Sciencia Scripts
is a trademark of
Dodo Books Indian Ocean Ltd. and OmniScriptum S.R.L publishing group

120 High Road, East Finchley, London, N2 9ED, United Kingdom
Str. Armeneasca 28/1, office 1, Chisinau MD-2012, Republic of Moldova, Europe
Printed at: see last page
ISBN: 978-620-8-07441-8

Conteúdo

Resumo

"Domínio Móvel: Navegando no cenário de desenvolvimento do Instasnap" é um guia completo para o desenvolvimento do aplicativo móvel Instasnap. Leva os leitores numa viagem pelo mundo dinâmico do desenvolvimento de aplicações móveis, focando-se especificamente no Instasnap. O livro cobre conceitos fundamentais e metodologias cruciais para o desenvolvimento bem-sucedido de aplicativos, atendendo tanto a iniciantes quanto a desenvolvedores experientes. Desde a concetualização inicial até à implementação, cada fase do processo de desenvolvimento Instasnap é meticulosamente explorada, com exemplos do mundo real e estratégias práticas fornecidas para ultrapassar desafios comuns. A importância da adaptabilidade e da inovação no cenário da tecnologia móvel em rápida evolução é enfatizada, incentivando os leitores a se manterem atualizados sobre as tendências emergentes. Em última análise, o livro capacita os aspirantes a programadores e empresários a navegar nas complexidades do desenvolvimento de aplicações móveis e a maximizar o potencial dos seus projectos Instasnap.

Capítulo 1

Introdução

1.1 Objetivo
1.2 Âmbito de aplicação
1.3 Definição, acrónimos e abreviaturas
1.4 Tecnologias a utilizar

As redes sociais têm a ver com o desenvolvimento de ligações ou laços entre amigos, de uma cidade para outra e entre associados. Embora as pessoas sempre tenham trabalhado em rede umas com as outras, a Internet permitiu-nos fazê-lo de uma forma global. Alguns grandes exemplos de redes sociais populares são o Instagram, o LinkedIn, o Facebook e o Twitter. A maioria das pessoas já ouviu falar destes serviços e muitas utilizam-nos diariamente.

1.1 Objetivo

- O objetivo deste projeto é proporcionar um tipo único de rede social.
- InstaSnap é um serviço móvel de partilha de fotografias e de redes sociais que permite aos seus utilizadores tirar fotografias e partilhá-las publicamente nesta aplicação, bem como através de uma variedade de outras plataformas de redes sociais, como o Facebook.

1.2 Âmbito de aplicação

- A aplicação de rede social é uma comunidade em linha concebida para tornar a sua vida social mais ativa e estimulante. A rede social pode ajudá-lo a manter as notícias existentes e a pensar numa determinada cidade e a partilhar imagens com mensagem incluída (legenda) se o utilizador estiver registado na aplicação InstaSnap.
- Esta aplicação também fornece as funcionalidades dos blogues num único local. A ideia principal dos blogues é partilhar os seus pensamentos, memórias com os seus amigos e também notícias entre si.

1.3 Definição, acrónimos e abreviaturas

- **Definição:**

O InstaSnap (IS) é uma aplicação de rede social criada para partilhar fotografias a partir de um smartphone. À semelhança do Instagram, todos os que criam uma conta têm um perfil e um feed de notícias. Quando publica uma fotografia no InstaSnap, esta é apresentada no seu perfil. Outros utilizadores que o seguem verão as suas publicações no seu próprio feed. Da mesma forma, verá as publicações de outros utilizadores que escolher seguir. O InstaSnap tem tudo a ver com a partilha visual. Cada perfil de utilizador tem uma contagem de "Seguidores" e "Seguidos", que representa o número de pessoas que seguem e o número de utilizadores que os seguem. Cada perfil de utilizador tem um botão no qual pode tocar para o seguir. Interagir com as mensagens é fácil e divertido. Pode clicar no botão de coração de qualquer publicação para "gostar" dela ou adicionar um comentário na parte inferior. E também enviar um relatório relativo a outro utilizador.

- **Acrónimos e abreviaturas:**

IS significa **InstaSnap**
FB significa **Face-Book**

1.4 Tecnologias a utilizar

Extremidade frontal	Android
Extremidade traseira	PHP MySQL
Ferramenta de desenvolvimento	Estúdio Android

Capítulo 2

Análise do sistema

2.1 Necessidade de identificação

- O InstaSnap é uma forma divertida e rápida de partilhar a sua vida com os amigos através de uma série de fotografias. Tire uma fotografia com o seu telemóvel e, em seguida, escolha e partilhe a fotografia com os seus amigos. Estamos a criar o InstaSnap para que possa viver momentos da vida dos seus amigos através de fotografias à medida que vão acontecendo. Imaginamos um mundo mais conectado através de fotos, por isso, InstaSnap em todo o mundo agora podemos fazer isso, isso é o que a tecnologia é tudo sobre e você vai se surpreender que você pode compartilhar essas coisas com pessoas de todo o mundo apenas sentado em qualquer lugar. O utilizador registado pode aceder a esta aplicação utilizando qualquer dispositivo Android. Tudo isto pode ser feito através de um programa chamado 'Social Networking' e o projeto "InstaSnap" tem tudo a ver com isto.

2.2 Investigação preliminar

- Recolha de informações de diferentes aplicações de redes sociais, como o Instagram e o Facebook.
- Visitar diferentes aplicações e tirar ideias de várias fontes. Como é que os diferentes serviços são fornecidos através de aplicações e gerem os requisitos dos clientes.

2.3 Estudo de viabilidade

- O estudo de viabilidade do projeto é realizado para identificar e verificar a viabilidade de um projeto ou de uma necessidade recebida da direção. A análise de viabilidade é o processo pelo qual a viabilidade é medida. A viabilidade deve ser medida ao longo de todo o ciclo de vida do projeto
- ***Existem três categorias de ensaios de exequibilidade:***

1. Viabilidade operacional:

A viabilidade operacional é uma medida de quão bem a solução funcionará na organização e de como as pessoas se sentem em relação ao sistema/projeto

2. Viabilidade técnica:

A viabilidade técnica é uma medida do carácter prático de uma solução técnica específica e da disponibilidade de recursos técnicos e de conhecimentos especializados.

3. Viabilidade financeira e económica:

A viabilidade financeira e económica é uma medida da relação custo-eficácia de um projeto.

1. **Viabilidade operacional:**

• Todos os dados serão guardados numa base de dados, pelo que a obtenção de informações sobre qualquer hotel será mais fácil, rápida e também ajudará na tomada de decisões. A obtenção de diferentes tipos de relatórios será fácil e rápida

• ***Há dois aspectos da viabilidade operacional a considerar:***

o Vale a pena resolver o problema, ou a solução para o problema funcionará?

o *Desempenho:* O desempenho do sistema é bom, porque utilizamos o servidor XXAMP como back-end que executa a transação muito rapidamente em comparação com o servidor wamp.

o *Informação*: Esta aplicação fornece todo o tipo de informação necessária ao utilizador final e aos gestores, de forma rápida e precisa, num formato útil.

o *Controlo:* Esta aplicação tem mais do que um tipo de nível de utilizador. Apenas o Administrador pode alterar algumas definições. Os outros utilizadores só podem ver a informação. O utilizador pode reportar diretamente ao administrador, como, por exemplo, a denúncia de um utilizador falso ou de spam.

o *Eficiência:* Esta aplicação foi concebida utilizando a tecnologia Multi-Utilizador, de modo a que o sistema possa lidar com vários utilizadores e que o utilizador partilhe fotografias com amigos nesta aplicação.

2. **Viabilidade técnica:**

- A viabilidade técnica diz respeito ao hardware existente e ao software que estamos a utilizar e aos desvios que temos de fazer em relação ao existente, uma vez que estamos a desenvolver a aplicação utilizando java, não há qualquer alteração no hardware que estamos a utilizar. Por isso, podemos dizer que esta aplicação é tecnicamente viável, uma vez que não há alterações na configuração e, além disso, é rentável.

3. **Viabilidade económica:**

- Em muitos projectos, a questão fundamental é a viabilidade financeira e económica. Os custos são praticamente impossíveis de estimar nas fases iniciais do projeto, porque os requisitos do utilizador final e a solução técnica alternativa não foram identificados.

2.4 Caraterísticas do utilizador

❖Admin:

- Painel AtAdmin Mostrar informações gerais do utilizador

→ O administrador pode mostrar as informações do utilizador registado

→ O administrador pode mostrar estatísticas da aplicação como, conta ativa, conta bloqueada, total de comentários, total de gostos, total de publicações, etc.

• O administrador pode pesquisar o utilizador através de 3 critérios: nome de utilizador, nome completo e e-mail.

• No painel de administração, mostrar os relatórios do utilizador.

→ Se um utilizador (de um utilizador) puder enviar uma mensagem como uma imagem de nudez ou criar um perfil falso, então, nessa altura, outro utilizador (de um utilizador) pode reportar ao administrador. Assim, o administrador pode mostrar o relatório ao utilizador falso e tomar medidas em relação a isso.

• O administrador pode gerir o AdmobfAdvertisement On Mobile) no telemóvel do utilizador.

→ Admob ativo e desativado no telemóvel de um determinado utilizador.

- O administrador pode alterar a palavra-passe.
- O administrador pode verificar a conta do utilizador utilizando o endereço IP e o agente do utilizador.
- O administrador pode bloquear a conta do usuário por motivos específicos, como perfil falso, envio de imagem nua glob nesta aplicação.
- O administrador pode enviar as ideias e notificações utilizando o serviço de mensagens na nuvem do Google.

Registar utilizador:

- Primeiro, o utilizador regista-se (Signup) nesta aplicação e, em seguida, acede à aplicação InstaSnap.
- O utilizador pode iniciar sessão na sua conta do Facebook.
- O utilizador pode ver todas as mensagens, bem como gostar/não gostar e comentar essas mensagens.
- O utilizador pode editar o perfil, como alterar a imagem de perfil e a imagem de capa.
- O utilizador pode ver os feeds. No feed, o utilizador pode adicionar outro utilizador à sua conta, pesquisando e mostrando a publicação do seu utilizador. O utilizador pode gostar/não gostar e comentar essa publicação.
- O utilizador pode seguir o outro utilizador.
- O utilizador pode mostrar o perfil a outro utilizador.
- O utilizador pode procurar outro utilizador.
- Se o utilizador não puder apresentar comentários nessa publicação, deve desmarcar a opção de comentários nas definições da conta.
- O utilizador pode alterar a palavra-passe e obter a recuperação da palavra-passe por correio eletrónico.

2.5 Processo de desenvolvimento

- O ciclo de vida de desenvolvimento de software (SDLC) é o processo completo de passos formais e lógicos adoptados para desenvolver um produto de software. No contexto mais amplo da Gestão do Ciclo de Vida das Aplicações (ALM), o SDLC é basicamente a parte do processo em que a codificação/programação é aplicada ao problema que está a ser resolvido pela aplicação existente ou planeada. As diferentes metodologias utilizadas para desenvolver software.
- O INSTASNAP pretende utilizar um modelo incremental de desenvolvimento de software para satisfazer as necessidades.
- **Modelo de incremento**

A abordagem incremental tenta combinar a sequência em cascata com algumas das vantagens da prototipagem. Basicamente, divide o projeto global numa série de incrementos. De seguida, aplica o modelo em cascata a cada incremento. O sistema é colocado em produção quando o primeiro incremento é entregue. À medida que o tempo passa, incrementos adicionais são completados e adicionados ao sistema de trabalho. Esta abordagem é preferida por muitos profissionais orientados para os objectos.

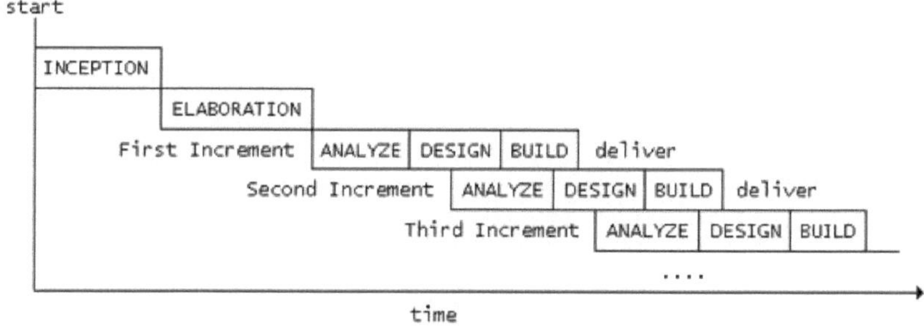

Figura 2.5 Diagrama do modelo incremental

- Seguem-se as fases do modelo incremental:

o ***Inception:***

Durante a fase inicial, são determinados o objetivo, a lógica comercial e o âmbito do projeto. Isto é semelhante à análise de viabilidade que é feita noutros ciclos de vida.

o ***Elaboração:***

Durante a fase de elaboração, são recolhidos requisitos mais detalhados, é efectuada uma análise de alto nível e é determinada uma arquitetura geral. Esta fase divide os requisitos em incrementos que podem ser construídos separadamente. Como veremos, cada incremento é constituído por um subconjunto de casos de utilização de alto nível que captam os requisitos do utilizador.

o ***Construção:***

A fase de construção constrói incrementos do sistema. Cada incremento é desenvolvido utilizando uma abordagem em cascata. Isto inclui uma análise e conceção detalhadas dos casos de utilização no incremento e a codificação e teste dos processadores de eventos que implementam a sequência de eventos definida pelos casos de utilização. O resultado é um software de qualidade de produção que satisfaz um subconjunto dos requisitos e é entregue aos utilizadores finais. O trabalho em diferentes incrementos pode ser feito em paralelo.

o ***Transição:***

A fase de transição (não apresentada na figura) é a última fase do projeto. Esta fase pode incluir aspectos como a afinação do desempenho e a implementação para todos os utilizadores.

Capítulo 3

Descrição UML

3.1 Diagramas de casos de utilização
3.2 Diagramas de atividade
3.1 Diagramas de casos de utilização

3.1.1 Caso de utilização do administrador :

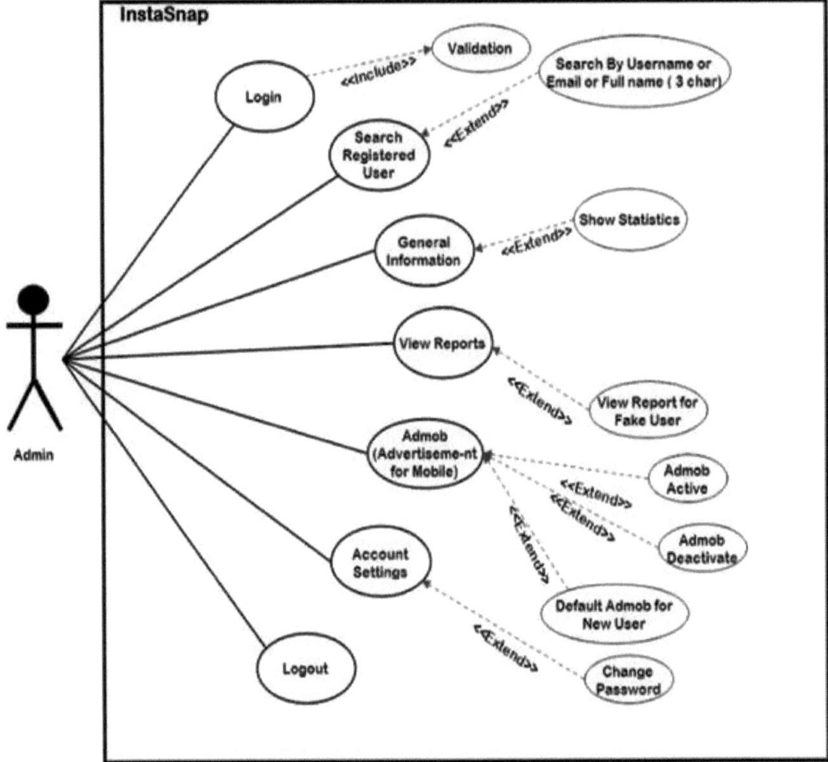

[Figura 3.1.1 Diagrama de casos de utilização para Admin].

3.1.2 Registar o caso de utilização do utilizador:

[Figura 3.1.2 Diagrama de casos de utilização para o utilizador do registo].

3.2 Diagramas de atividade

3.2.1 Diagrama de actividades para Admin:

3.2.1.1 Início de sessão do administrador:

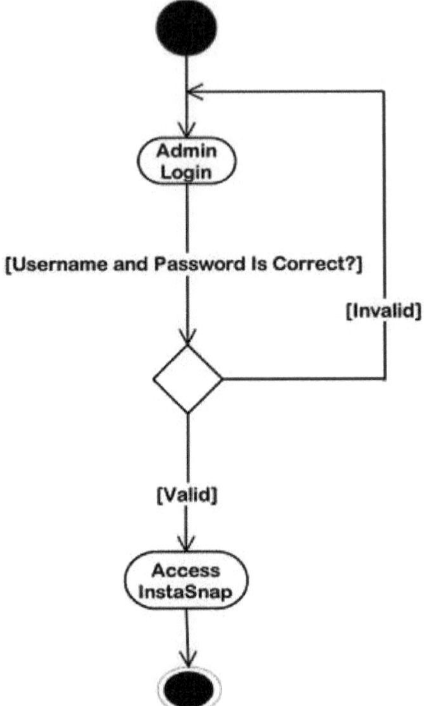

[Figura 3.2.1.1 Diagrama de actividades para o início de sessão do administrador].

3.2.1.2 Ver informações gerais

mação do Utilizador:

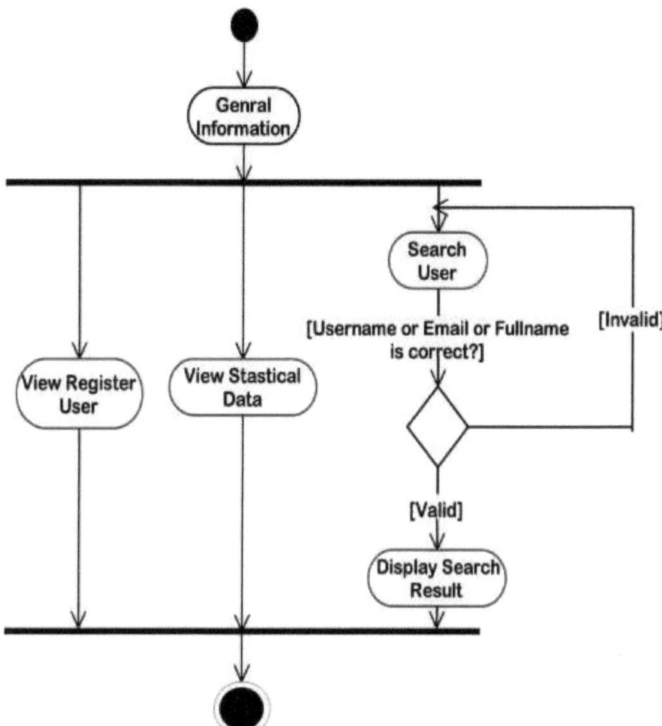

[Figura 3.2.1.2 Diagrama de actividades para ver as informações gerais do utilizador].

3.2.1.3 Ver relatório do utilizador:

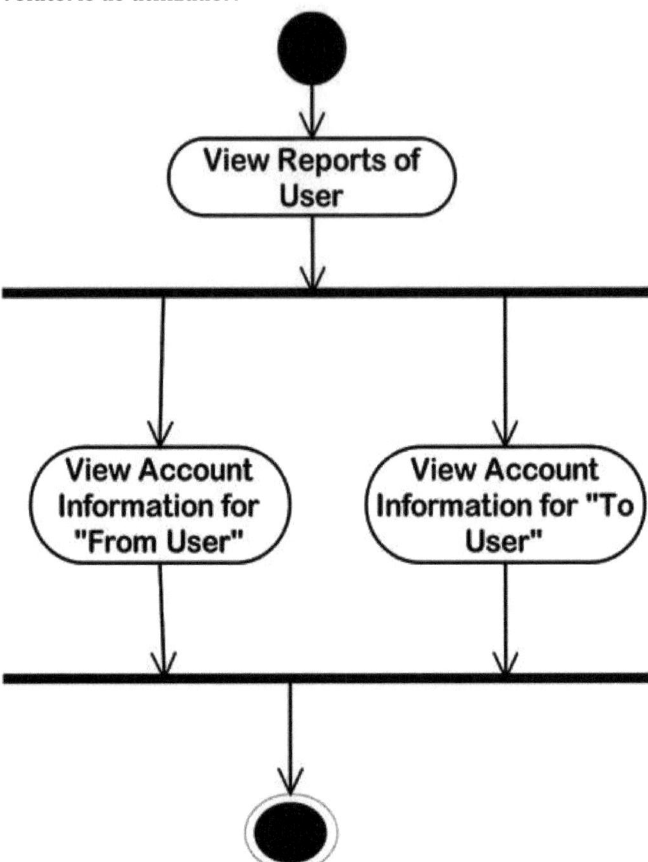

[Figura 3.2.1.3 Diagrama de actividades para ver o relatório do utilizador].

3.2.1.4 Admob (Publicidade no telemóvel):

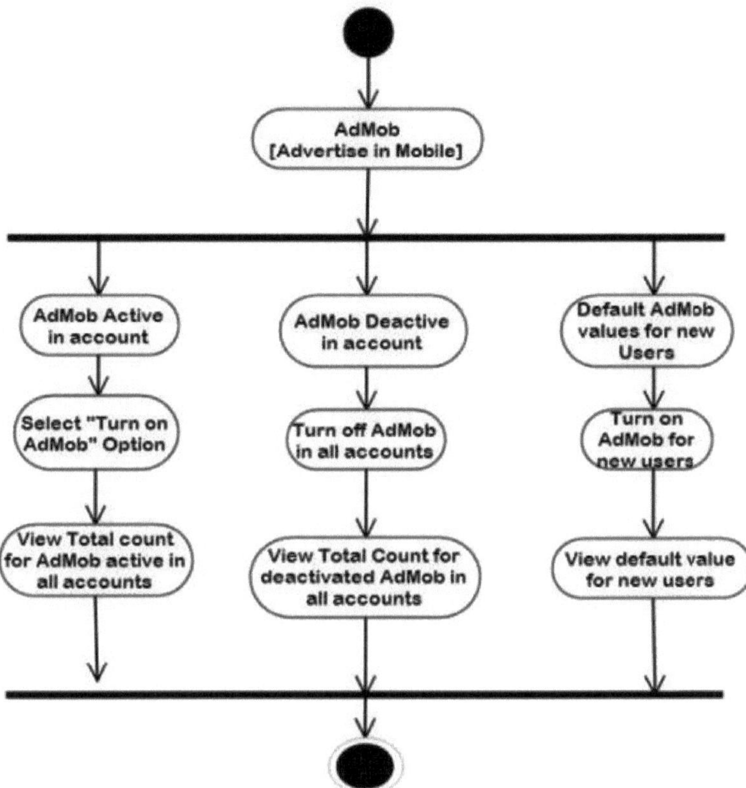

[Figura 3.2.1.4 Diagrama de actividades para a visualização de anúncios no telemóvel do utilizador].

3.2.1.5 Alterar a palavra-passe:

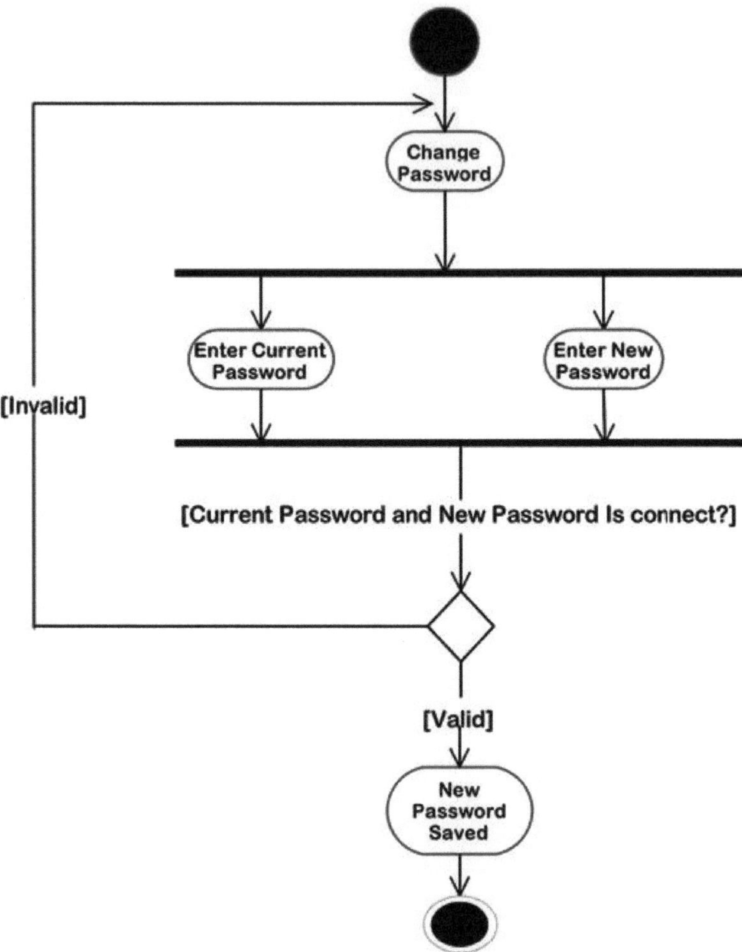

[Figura 3.2.1.5 Diagrama de actividades para alterar a palavra-passe da conta de administrador].

3.2.2 <u>Diagrama de actividades para o utilizador:</u>

3.2.2.1 Registo do utilizador:

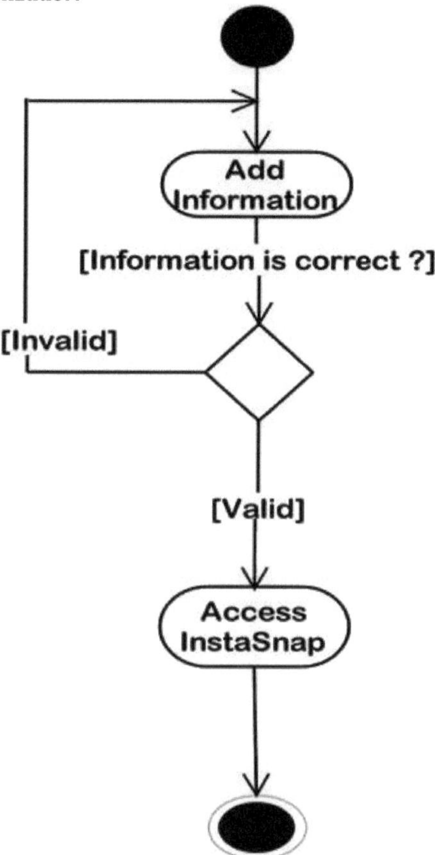

[Figura 3.2.2.1 Diagrama de actividades para o registo de um utilizador na aplicação].

3.2.2.2 Início de sessão do utilizador:

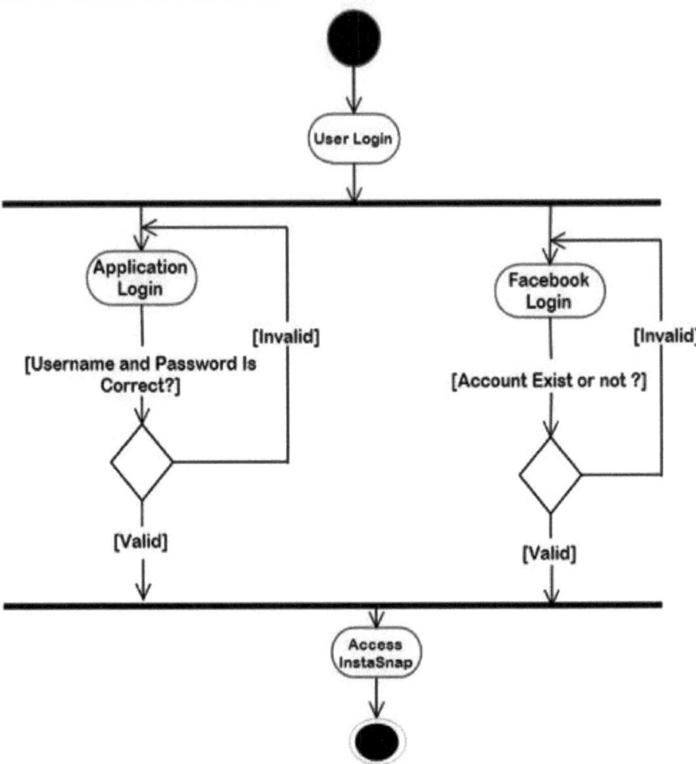

[Figura 3.2.2.2 Diagrama de actividades para o início de sessão do utilizador na aplicação].

3.2.2.3 *Gerir o perfil do utilizador*

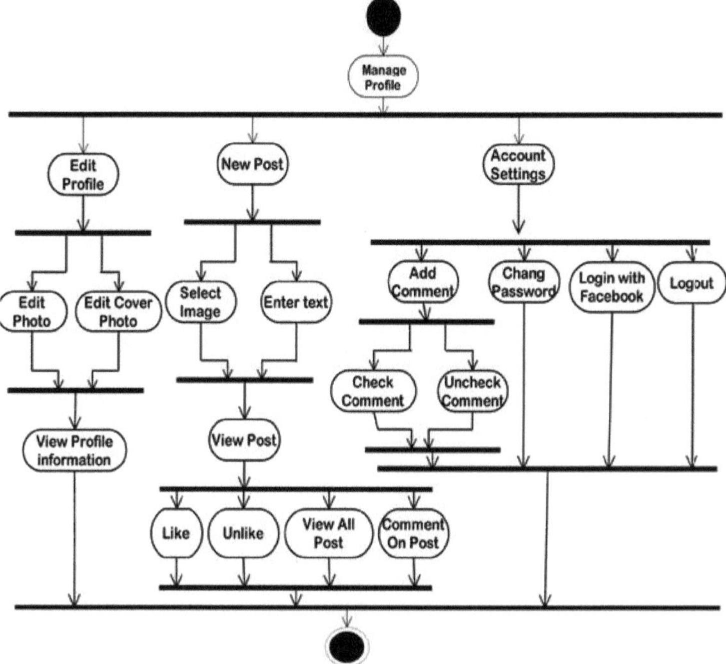

[Figura 3.2.2.3 Diagrama de actividades para gerir o perfil do utilizador].

3.2.2.4 Adicionar relatório:

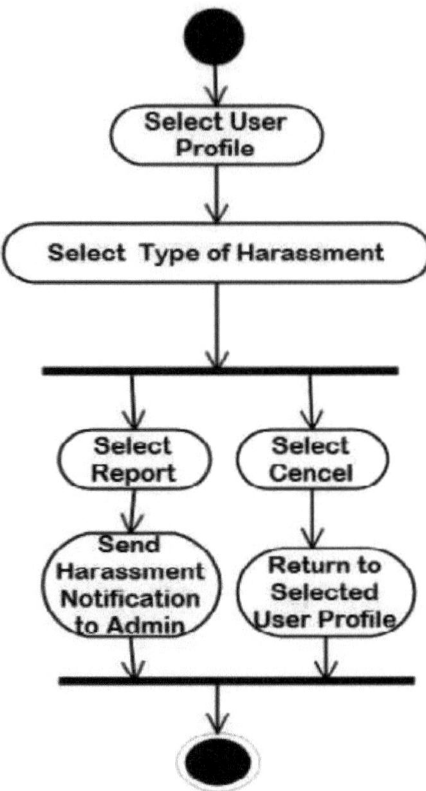

[Figura 3.2.2.4 Diagrama de atividade para adicionar relatório a outro utilizador].

3.2.2.5 Fluxo de visualização:

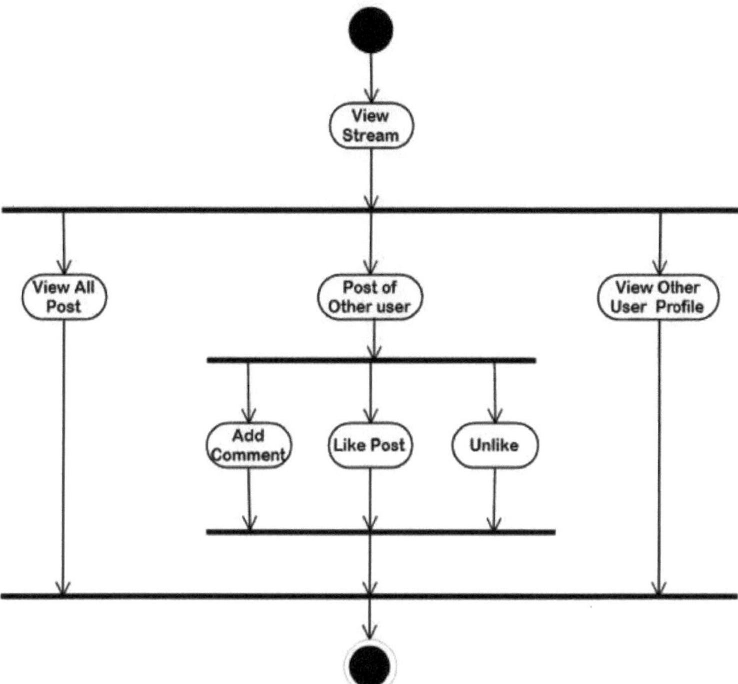

[Figura 3.2.2.5 Diagrama de actividades para o fluxo de visualização].

3.2.2.6 Ver outro perfil de utilizador:

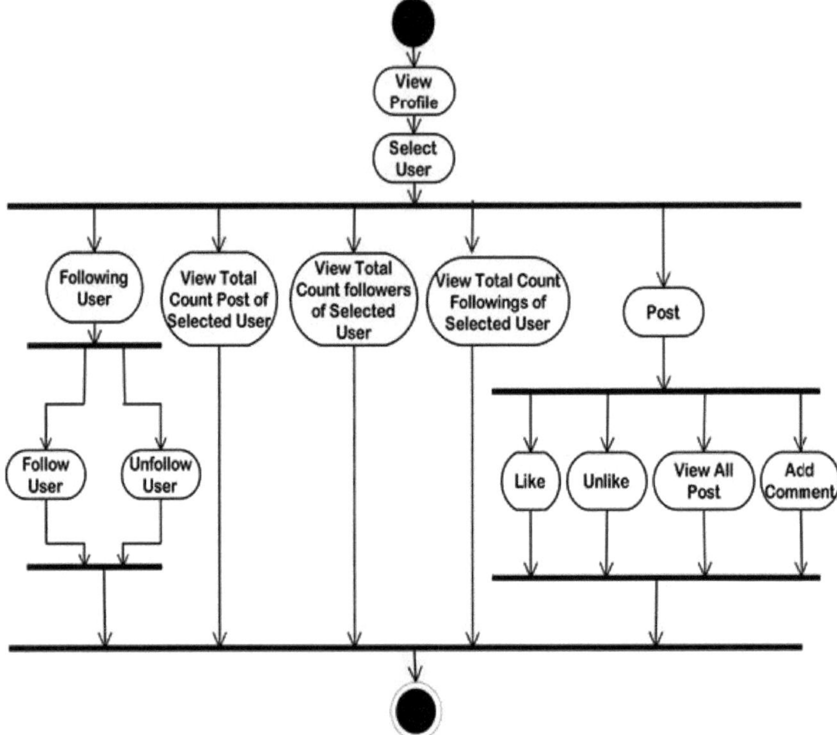

[Figura 3.2.2.6 Diagrama de actividades para ver o perfil de outro utilizador].

3.2.2.7 Ver feeds:

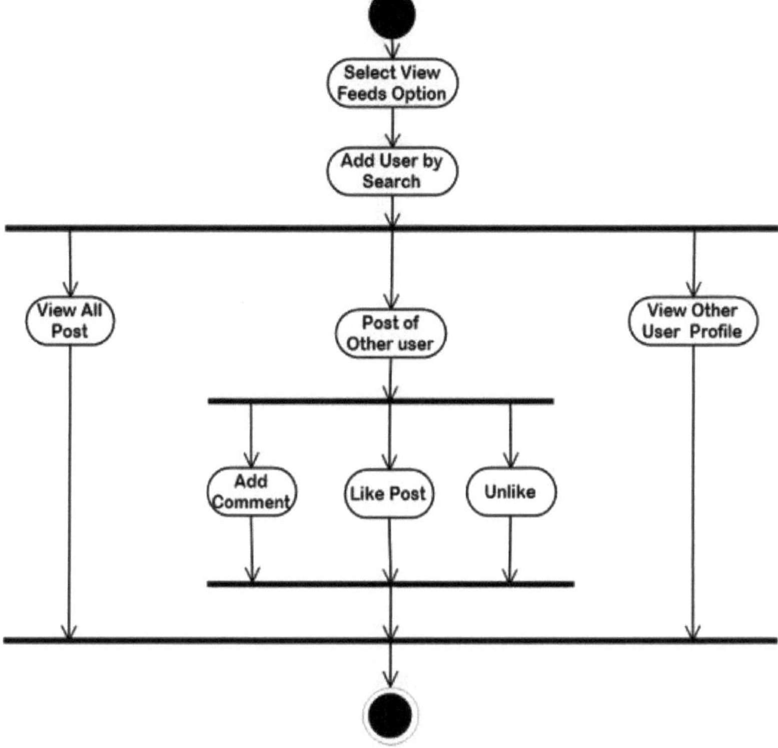

[Figura 3.2.2.7 Diagrama de actividades para os feeds de visualização].

3.2.2.8 Ver os seguimentos:

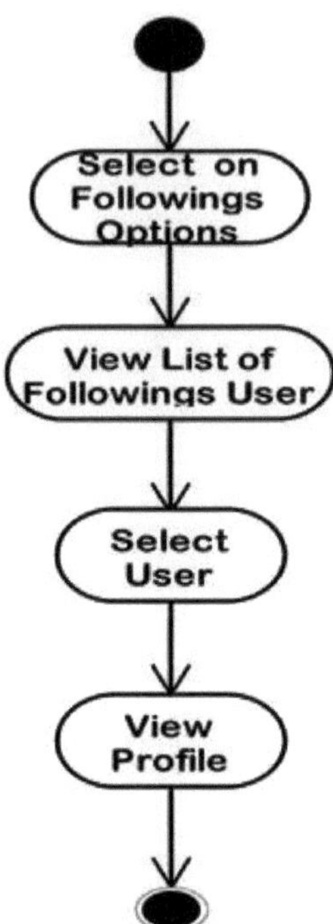

[Figura 3.2.2.8 Diagrama de actividades para ver a lista de utilizadores seguintes].

Capítulo 4

Conceção do sistema

4.1 Dicionário de dados, restrições de integridade

4.2 Conceção da interface do utilizador

4.1 Dicionário de dados		
N.º Sr.	**Nome da tabela**	**Descrição**
1	**Utilizador**	Esta tabela armazena os dados sobre o utilizador, como o ID de utilizador, o nome de utilizador, o nome completo, a palavra-passe, o início de sessão, o e-mail, a página do Facebook, a hora de registo, a hora do último acesso, a contagem de publicações, a contagem de gostos, a última visualização de notificações, a última visualização de feeds, o endereço IP, a permissão de comentários, a fotografia de perfil e a fotografia de capa, etc.
2	**Admin**	Esta tabela é utilizada para armazenar as informações do administrador.
3	**Publicidade**	Esta tabela é utilizada para armazenar informações para apresentação de anúncios no telemóvel do utilizador.
4	**Comentários**	Esta tabela é utilizada para armazenar dados para comentários.
5	**História do GCM**	Esta tabela descreve os dados do serviço de mensagens do Google Cloud...
6	**Ir_link**	Esta tabela é utilizada sempre que a ligação do anúncio é aberta num novo separador.
7	**Gostos**	Esta tabela armazena dados como a publicação do utilizador.
8	**Notificação**	Esta tabela é utilizada para armazenar os dados para a notificação, se o utilizador quiser enviar uma notificação por correio.
9	**Correio**	Esta tabela é utilizada para armazenar as informações sobre o posto.
10	**Comunicar abuso**	Esta tabela é utilizada para denunciar um utilizador a outro utilizador, como um perfil falso, o envio de imagens de nudez, etc.
11	**Lista negra de perfis**	Esta tabela descreve o utilizador bloqueado pelo administrador.
12	**Seguidores do perfil**	Esta tabela é utilizada para armazenar dados sobre um utilizador que se segue a outro utilizador.
13	**Restaurar dados**	Esta tabela é utilizada para restaurar os dados da

		palavra-passe do utilizador.
14	**Definições**	Esta tabela armazena dados sobre as definições do utilizador. Por exemplo, settingid, nome, textvalue, etc.
15	**Dados de acesso**	Esta tabela é utilizada para acrescentar informações para aceder aos dados do dispositivo.

[Quadro 4.1 Descrição do quadro na base de dados].

4.2 Conceção da interface do utilizador

4.2.1 Design do painel de administração:

4.2.1.1 Início de sessão do administrador:

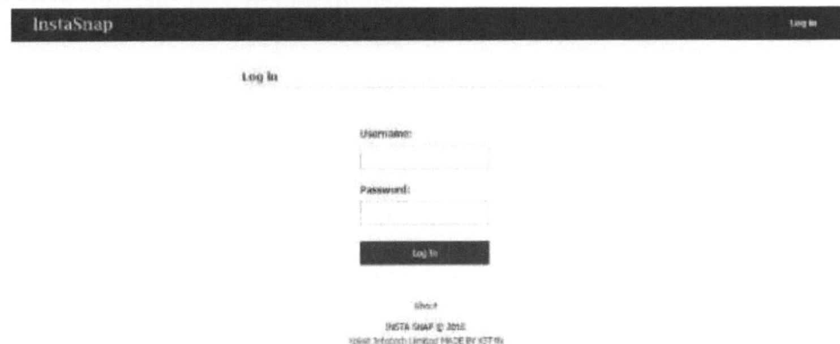

[Figura 4.2.1.1 Conceção da interface de início de sessão do administrador].

4.2.1.2Validação de início de sessão:

[Figura 4.2.1.2 Validação do início de sessão do administrador].

4.2.1.3 Página inicial:

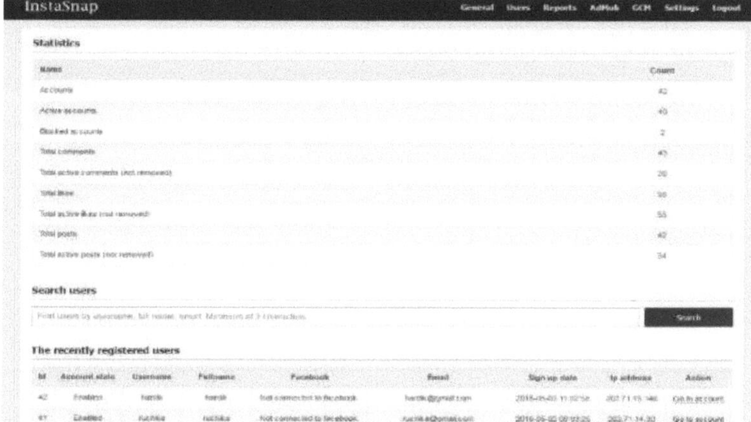

[Figura 4.2.1.3 Página inicial do administrador].

4.2.1.4Pesquisar utilizador:

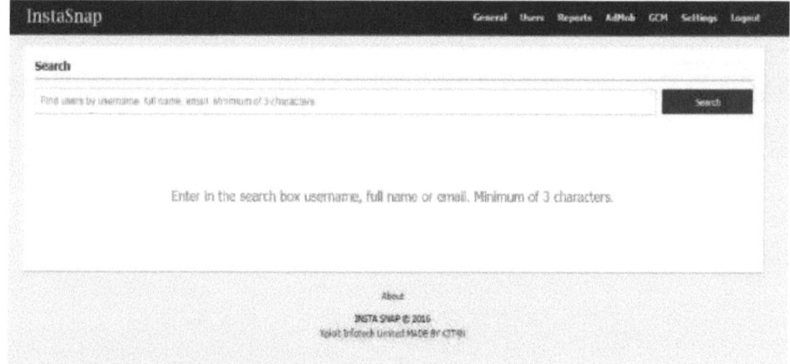

[Figura 4.2.1.4 Procurar utilizador].

4.2.1.5 Informações da conta para um determinado utilizador:

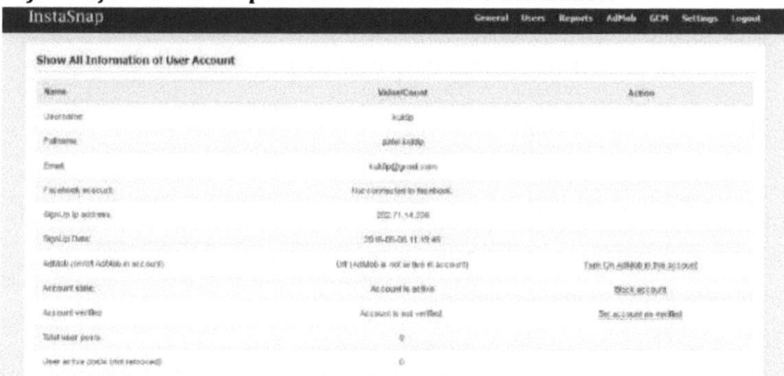

[Figura 4.2.1.5 Informações sobre a conta do utilizador].

4.2.1.6 Mostrar autorização do utilizador:

[Figura 4.2.1.6 Mostrar autorização do utilizador].

4.2.1.7 Comunicação a outro utilizador:

[Figura 4.2.1.7 Mostrar relatório do utilizador].

4.2.1.8 Relatório através da passagem ao perfil:

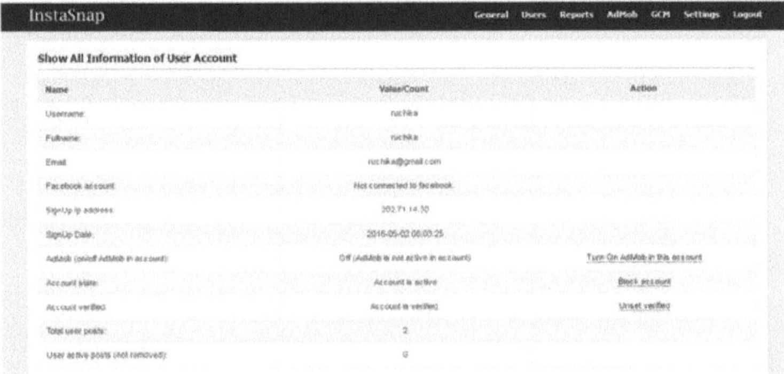

[Figura 4.2.1.8 Mostrar relatório exaustivo indo para o perfil].

4.2.1.9 Mostrar imagem publicada ao utilizador:

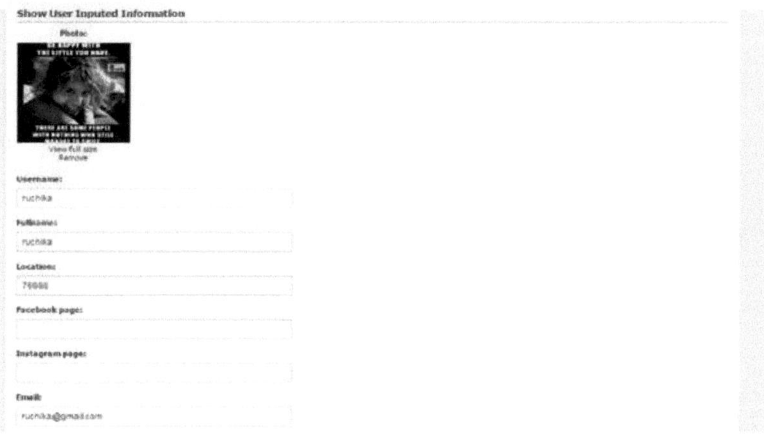

[Figura 4.2.1.9 Mostrar imagem colocada pelo utilizador]

4.2.1.10 Autenticação do utilizador do relatório:

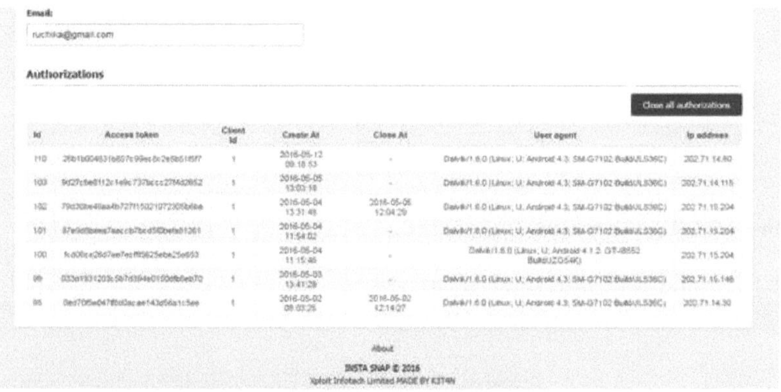

[Figura 4.2.1.10 Autorizações do relatório do utilizador].

4.2.1.11 Admob para todos os utilizadores:

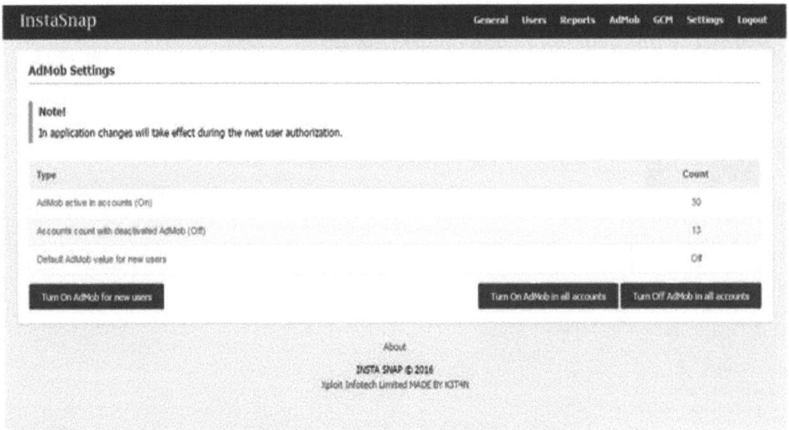

[Figura 4.2.1.11 Mostrar Admob para todos os utilizadores]

4.2.1.12 Alterar a palavra-passe:

[Figura 4.2.1.12 Alterar palavra-passe].

4.2.1.13 Validação na alteração da palavra-passe:

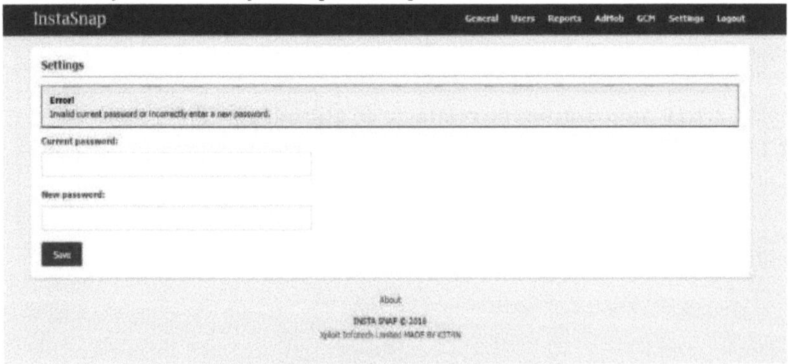

[Figura 4.2.1.13 Validação em Alterar Palavra-passe].

4.2.1.14 Google Cloud Messaging:

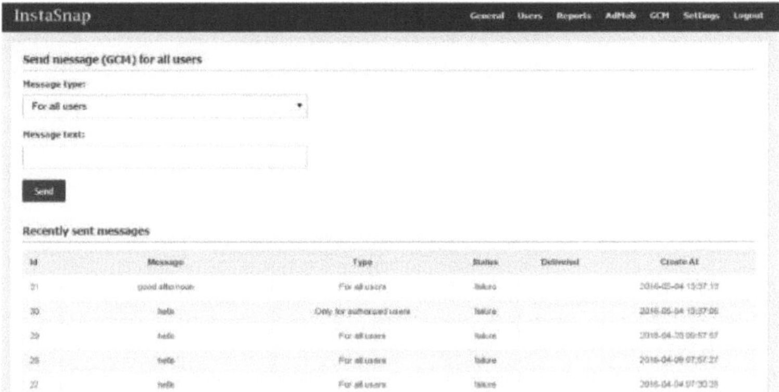

[Figura 4.2.1.14 Mostrar o Google Cloud Messaging].

4.2.2 <u>Conceção do lado do cliente:</u>

4.2.2.1 Ecrã frontal do InstaSnap:

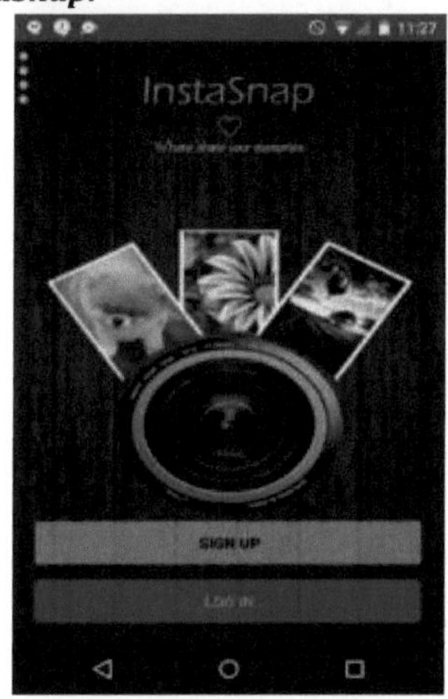

[Figura 4.2.2.1 Ecrã frontal do InstaSnap].

4.2.2.2 Início de sessão do utilizador:

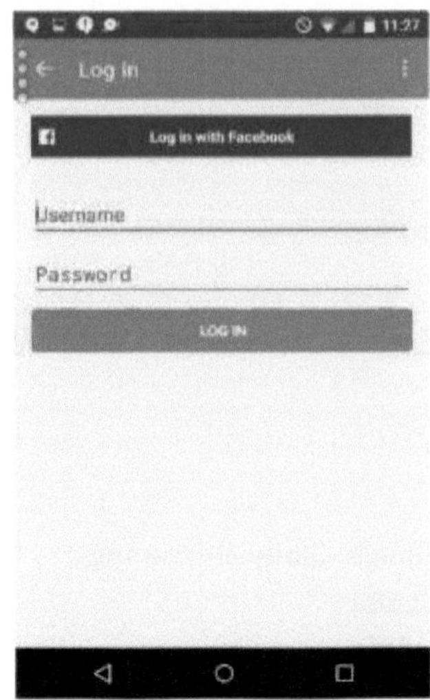

[Figura 4.2.2.2 Ecrã de início de sessão do InstaSnap].

4.2.2.3 Registo do utilizador:

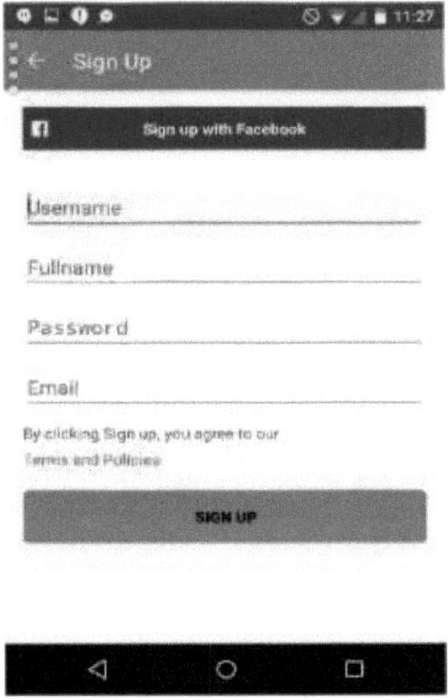

[Figura 4.2.2.3 Registo de utilizador no InstaSnap].

4.2.2.4 *Atividade do fluxo depois de assinar ou iniciar sessão*:

[Figura 4.2.2.4 Atividade do fluxo após registo ou início de sessão]

4.2.2.5 Gaveta de navegação no InstaSnap :

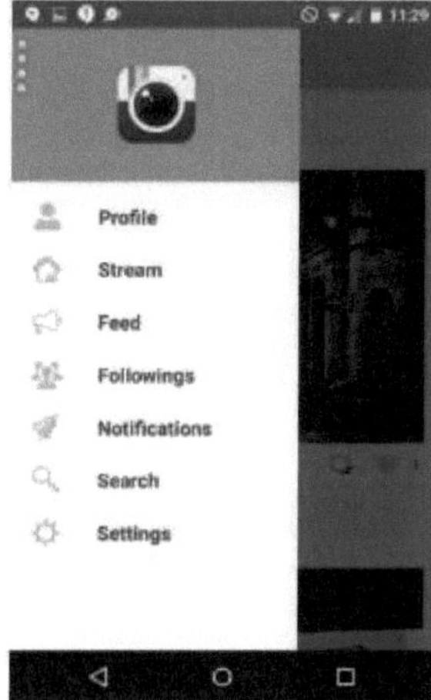

4.2.2.6 Ver o perfil do cliente:

[Figura 4.2.2.5 Gaveta de navegação no InstaSnap].

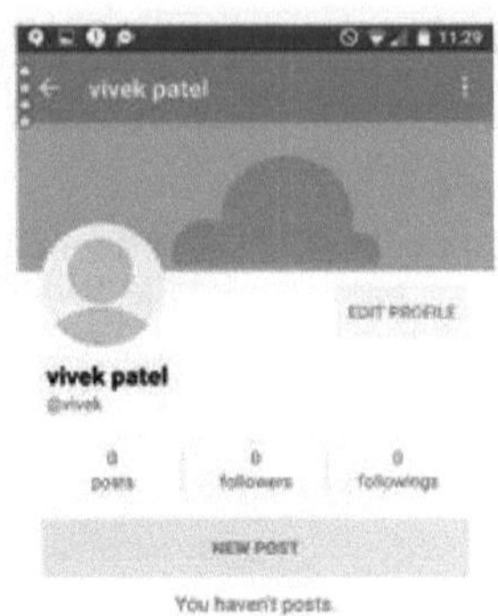

[Figura 4.2.2.5 Ver perfil].

4.2.2.7 Editar perfil:

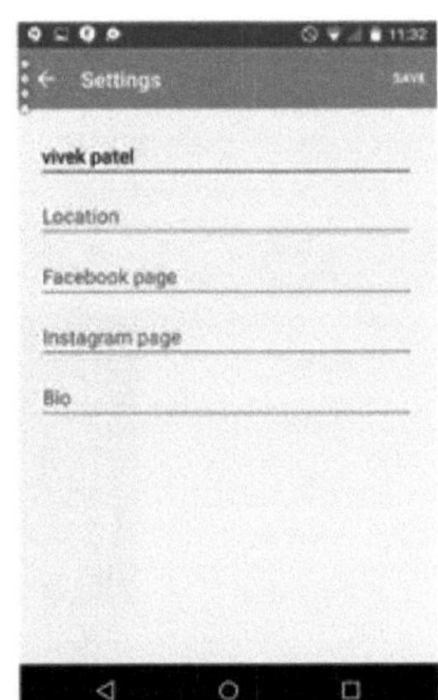

[Figura 4.2.2.7 Editar perfil].

4.2.2.8 Opção Ativar para definir o seu perfil:

4.2.2.8 Opção Ativar para definir o seu perfil:

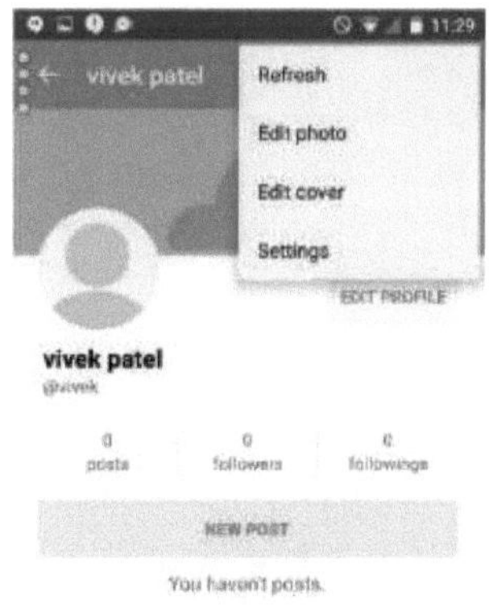

[Figura 4.2.2.8 Opção Ativar para definir o seu perfil]

4.2.2.9 Definir fotografia de capa e fotografia de perfil:

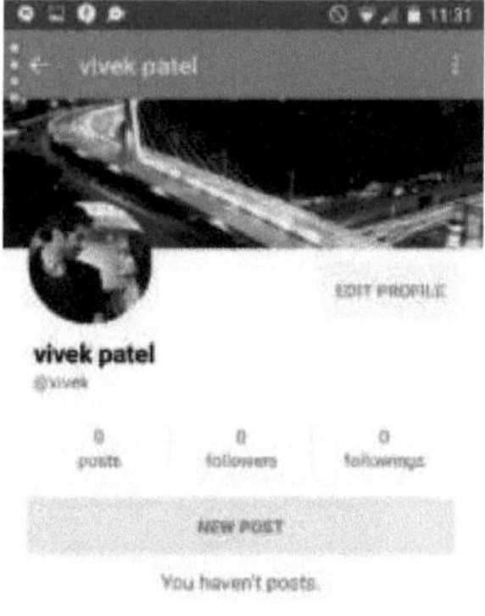

[Figura 4.2.2.9 Definir fotografia de capa e fotografia de perfil]

4.2.2.10 Adicionar nova mensagem:

[Figura 4.2.2.10 Adicionar novo lançamento].

4.2.2.11 Mostrar publicação na atividade do perfil :

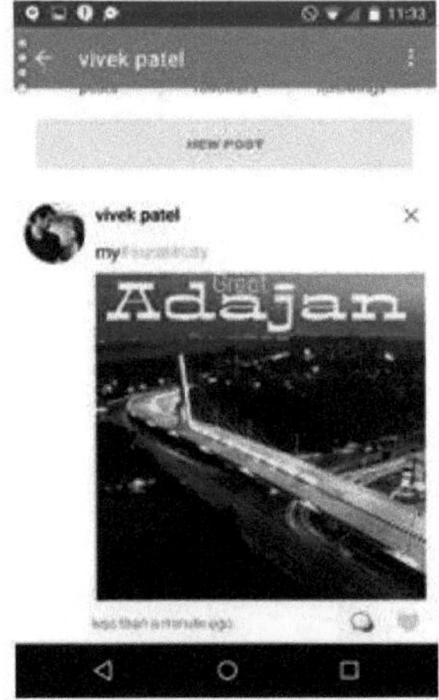

[Figura 4.2.2.11 Mostrar publicação carregada no perfil].

4.2.2.12 Gostar e comentar a publicação:

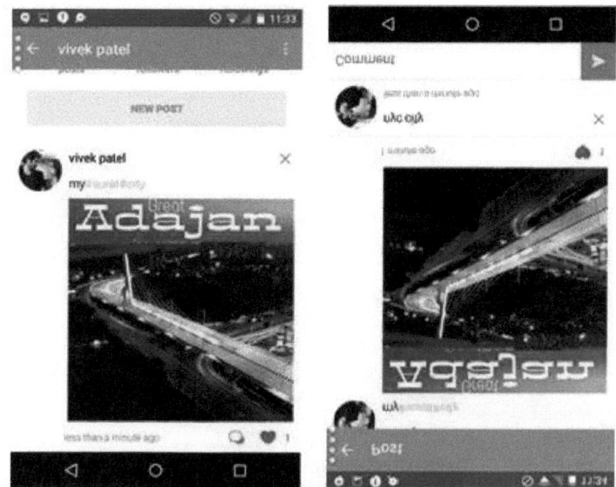

[Figura 4.2.2.12 Gostar e comentar uma publicação].

4.2.2.13 Procurar amigos:

[Figura 4.2.2.13 Procurar amigos].

4.2.2.14 Depois de adicionar um utilizador, a publicação desse utilizador no feed de notícias :

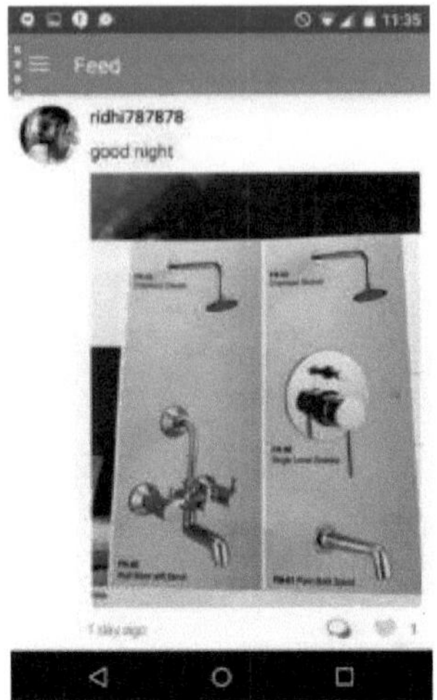

[Figura 4.2.2.14 Adicionar Ver a publicação desse utilizador no feed de notícias].

4.2.2.15 Utilizador seguinte:

[Figura 4.2.2.15 Utilizador seguinte].

4.2.2.16 Definições da sua conta :

[Figura 4.2.2.16 Definições da sua conta].

4.2.2.17 Alterar a palavra-passe:

[Figura 4.2.2.17 Palavra-passe Chang].

4.2.2.18 Ligar ao Facebook:

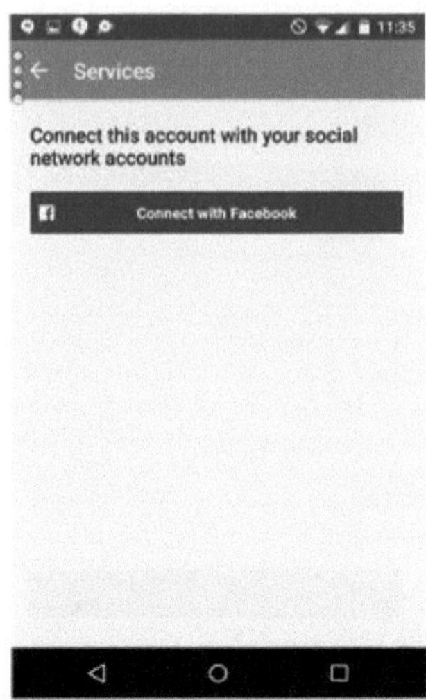

[Figura 4.2.2.18 Ligar ao Facebook].

4.2.2.19 Termo de utilização desta aplicação:

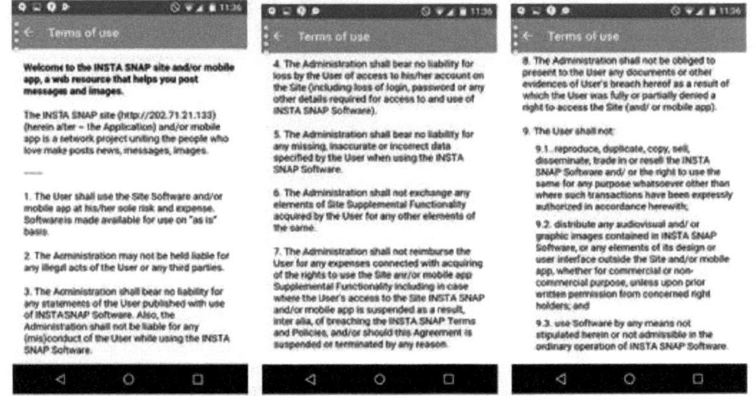

[Figura 4.2.2.19 Termos e utilização desta aplicação].

4.2.2.20 Outro utilizador Procurar amigos e seguir esses amigos:

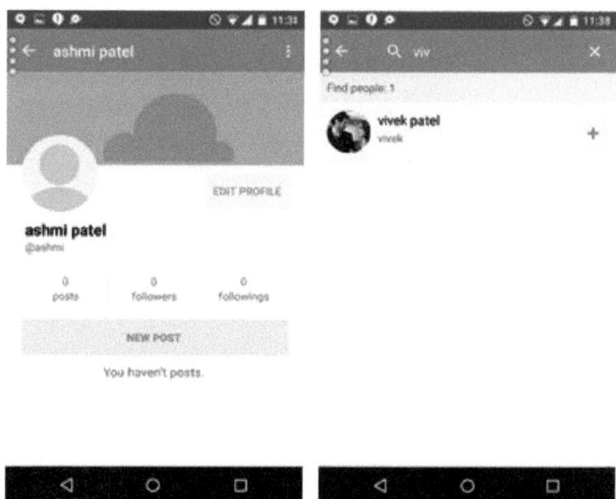

[Figura 4.2.2.20 Outros utilizadores procuram amigos e seguem esses amigos].

4.2.2.21 Notificações de outro utilizador:

[Figura 4.2.2.21 Notificação na conta Vivek].

4.2.2.22 Seguir o utilizador:

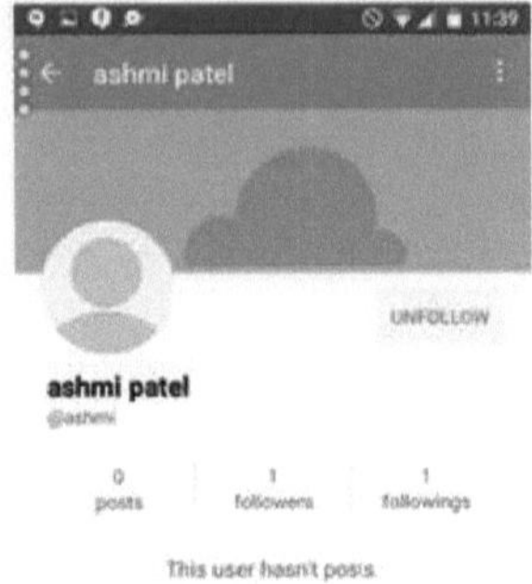

[Figura 4.2.2.22 Viviek Folllow para Ashmi].

4.2.2.23 Opções Ativar para ver outro perfil :

[Figura 4.2.2.23 Opções Ativar para ver outro perfil]

4.2.2.24 Relatório de outro utilizador:

[Figura 4.2.2.24 Relatório de opções de outro utilizador].

Capítulo 5

Ensaios

5.1 Caso de teste para testes unitários

5.2 Caso de teste para testes integrados

5.1 Caso de teste para testes unitários

5.1.1 Caso de teste unitário para o painel de administração:

5.1.1.1 Início de sessão do administrador

Não.	Descrição do caso de teste	Valor introduzido	Ação executada	Resultados esperados	Atual Saída	Resultado (Aprovado/Fracassado)	Observações
1	Introduzir o nome de utilizador	Nulo	Clicar no botão de início de sessão	Não aceitar	Mensagem: Introduza o nome de utilizador	Falhar	
2	Introduzir nome de utilizador	Formato inválido (por exemplo, Abc 123)	Clicar no botão de início de sessão	Não aceitar (O espaço não é permitido no nome de utilizador)	Mensagem: Introduza o nome de utilizador utilizador correto	Falhar	
3	Introduzir o nome de utilizador	Válido (e·g Abcl23)	Clicar no botão de início de sessão	Aceitar	Aceitar	Passar	
4	Introduzir palavra-passe	Nulo	Clicar no botão de início de sessão	Não aceitar	Mensagem: Introduza a palavra-passe	Falhar	
5	Introduzir palavra-passe	Formato inválido (por exemplo, menos de seis caracteres)	Clicar no botão de início de sessão	Não aceitar	Mensagem: Introduza a palavra-passe correta	Falha	
6	Introduzir palavra-passe	Válido (por exemplo, Introduzir palavra-	Clicar no botão de início de sessão	Aceitar	Aceitar	Passar	

		passe no mínimo					
		Seis caracteres)					

[Tabela 5.1.1.1 Caso de teste unitário para início de sessão de administrador].

5.1.1.2 Alterar a palavra-passe:

Não.	Descrição do caso de teste	Valor introduzido	Ação Realizada	Produção esperada	Atual Saída	Resultado (Aprovado/Fracassado)	Observação
1	Introduzir a palavra-passe atual	Nulo	Clique no botão Guardar	Não aceitar	Mensagem: Por favor, introduza o seu Palavra-passe atual	Falha	
2	Introduzir a palavra-passe atual	Palavra-passe atual inválida	Clique no botão Guardar	Não aceitar	Mensagem: Introduza a sua palavra-passe atual	Falha	
3	Introduzir a palavra-passe atual	Palavra-passe atual válida	Clique no botão Guardar	Aceitar	Aceitar	Passar	
4	Introduzir nova palavra-passe	Nulo	Clique no botão Guardar	Não aceitar	Mensagem: Introduza a sua nova palavra-passe	Falhar	
5	Introduzir nova palavra-passe	Formato inválido (por exemplo, mum seis caracteres)	Clique no botão Guardar	Não aceitar	Mensagem: Introduza a nova palavra-passe correta	Falhar	
6	Introduzir nova palavra-passe	Válido	Clique no botão Guardar	Aceitar	Aceitar	Passar	

[Tabela 5.1.1.2 Caso de teste unitário para alterar a palavra-passe].

5.1.1.3 Procurar utilizador:

Não.	Descrição do caso de teste	Valor introduzido	Ação executada	Resultados esperados	Atual Saída	Resultado (Aprovado/ Reprovado)	Observações

1	Entrar Palavra-chave na caixa de pesquisa	Nulo	Clique no botão Procurar	Não aceitar	Mensagem: Introduzir um mínimo de três caracteres de Nome de utilizador, Nome de utilizador, E-mail	Falhar	
2	Entrar Palavra-chave na caixa de pesquisa	Inválido (se introduzir menos de três caracteres)	Clique no botão Procurar	Não aceitar	Mensagem: Introduzir pelo menos três caracteres de nome de utilizador, nome de utilizador, e-mail	Falha	
3	Entrar Palavra-chave na caixa de pesquisa	Válido [a-z][A- z][0-9]	Clique no botão Guardar	Aceitar	Aceitar	Passar	

[Tabela 5.1.1.3 Caso de teste unitário para pesquisa de utilizadores].

5.1.2 <u>Caso de teste unitário para o lado do utilizador:</u>

5.1.2.1 Inscrição:

Não.	Descrição do caso de teste	Valor introduzido	Ação executada	Resultados esperados	Atual Saída	Resultado (Aprovado/Fracassado)	Observações
1	Introduzir o nome de utilizador	Nulo	Clique no botão Inscrever-se	Não aceitar	Mensagem: Introduza o nome de utilizador	Falha	
2	Introduzir nome de utilizador	Formato inválido (por exemplo, Abc 123)	Clique no botão Inscrever-se	Não aceitar	Mensagem: Introduza o nome de utilizador correto	Falhar	
3	Introduzir nome de utilizador	Válido (por exemplo, Abcl23)	Clique no botão Inscrever-se	Aceitar	Aceitar	Passar	
4	Introduzi	Nulo	Clique no	Não	Mensage	Falha	

	r o nome completo		botão Inscrever-se	aceitar	m: Introduzir o nome completo		
5	Introduzir o nome completo	Inválido	Clique no botão de inscrição	Não aceitar	Mensagem: Introduza o nome completo correto	Falhar	
6	Introduzir o nome completo	Válido	Clique no botão Inscrever-se	Aceitar	Aceitar	Passar	
7	Introduzir palavra-passe	Nulo	Clique no botão de inscrição	Não aceitar	Mensagem: Introduzir A sua palavra-passe	Falhar	
8	Introduzir palavra-passe	Formato inválido (por exemplo, menos de seis caracteres)	Clique no botão Inscrever-se	Não aceitar	Mensagem: Introduza a palavra-passe correta	Falha	
9	Introduzir palavra-passe	Válido (por exemplo, introduzir uma palavra-passe com um mínimo de seis caracteres)	Clique no botão Inscrever-se	Aceitar	Aceitar	Passar	
10	Introduzir e-mail	Nulo	Clique no botão Inscrever-se	Não aceitar	Mensagem: Introduza o seu ID de e-mail	Falhar	
11	Introduzir e-mail	Formato inválido (e·g abc@.com]	Clique no botão Inscrever-se	Não aceitar	Mensagem: Introduza o seu ID de e-mail correto	Falhar	
12	Introduzi	Válido (e·g	Clique no	Não	Aceitar	Passar	

	r e-mail	abc@xyz.com)	botão Inscrever-se	aceitar			

[Tabela 5.1.2.1 Caso de teste unitário para registo de utilizador].

5.1.2.2 Iniciar sessão:

Não.	Descrição do caso de teste	Valor introduzido	Ação executada	Resultados esperados	Atual Saída	Resultado (Aprovado/Fracassado)	Observações
1	Introduzir o nome de utilizador	Nulo	Clicar no botão de início de sessão	Não aceitar	Mensagem: Introduza o nome de utilizador	Falhar	
2	Introduzir o nome de utilizador	Formato inválido (por exemplo, Abc 123)	Clicar no botão de início de sessão	Não aceitar (O espaço não é permitido no nome de utilizador)	Mensagem: Introduza o nome de utilizador correto	Falhar	
3	Introduzir o nome de utilizador	Válido (e·g Abcl23)	Clicar no botão de início de sessão	Aceitar	Aceitar	Passar	
4	Introduzir palavra-passe	Nulo	Clicar no botão de início de sessão	Não aceitar	Mensagem: Introduza a palavra-passe	Falha	
5	Introduzir palavra-passe	Formato inválido (por exemplo, menos de seis caracteres)	Clicar no botão de início de sessão	Não aceitar	Mensagem: Introduza a palavra-passe correta	Falha	
6	Introduzir palavra-passe	Válido (por exemplo, introduzir uma palavra-passe com um mínimo de seis caracteres)	Clicar no botão de início de sessão	Aceitar	Aceitar	Passar	

[Tabela 5.1.2.2 Caso de teste unitário para início de sessão do utilizador].

5.1.2.3 Recuperação da palavra-passe :

Não.	Descrição do caso de teste	Valor introduzido	Ação executada	Resultados esperados	Atual Saída	Resultado (Aprovado/Fracassado)	Observações
1	Introduzir e-mail	Nulo	Clique no botão Inscrever-se	Não aceitar	Mensagem: Introduza o seu ID de e-mail	Falhar	-
2	Introduzir e-mail	Formato inválido (e·g abc@.com)	Clique no botão de inscrição	Não aceitar	Mensagem: Introduza o seu ID de e-mail correto	Falhar	-
3	Introduzir e-mail	Válido (e·g abc@xyz.com)	Clique no botão Inscrever-se	Não aceitar	Aceitar	Passar	-

[Tabela 5.1.2.3 Caso de teste de unidade para recuperação de palavra-passe].

5.1.2.4 Alterar a palavra-passe:

Não.	Descrição do caso de teste	Valor introduzido	Ação Realizada	Produção esperada	Atual Saída	Resultado (Aprovado/Fracassado)	Observações
1	Introduzir a palavra-passe atual	Nulo	Clique no botão Guardar	Não aceitar	Mensagem: Introduza a sua palavra-passe atual	Falhar	-
2	Introduzir a palavra-passe atual	Palavra-passe atual inválida	Clique no botão Guardar	Não aceitar	Mensagem: Introduza a sua palavra-passe atual	Falha	-
3	Introduzir a palavra-passe atual	Palavra-passe atual válida	Clique no botão Guardar	Aceitar	Aceitar	Passar	-
4	Introduzir nova palavra-passe	Nulo	Clique no botão Guardar	Não aceitar	Mensagem: Introduza a sua nova	Falha	-

					palavra-passe		
5	Introduzir nova palavra-passe	Formato inválido (por exemplo, menos de seis caracteres)	Clique no botão Guardar	Não aceitar	Mensagem : Introduza a nova palavra-passe correta	Falhar	
6	Introduzir nova palavra-passe	Válido (por exemplo, Introduzir palavra-passe Mínimo seis caracteres)	Clique no botão Guardar	Aceitar	Aceitar	Passar	

[Tabela 5.1.2.4 Caso de teste unitário para alterar a palavra-passe].

5.1.2.5 Novo posto:

Não.	Descrição do caso de teste	Valor de entrada	Ação executada	Resultados esperados	Atual Saída	Resultado (Aprovado/Fracassado)	Observações
1	Nova publicação	Nulo	Botão Clickon Post	Não aceitar	Mensagem : A mensagem deve ter texto ou imagem	Falhar	

[Tabela 5.1.2.5 Caso de teste unitário para novo posto].

5.1.2.6 Procurar amigos:

Não.	Descrição do caso de teste	Valor introduzido	Ação executada	Resultados esperados	Atual Saída	Resultado (Aprovado/Fracassado)	Observações
1	Entrar Palavra-chave na caixa de pesquisa	Inválido [e.gifnenhum resultado encontrado tipo de palavra-chave pelo utilizador]	Clique no botão Pesquisar	Não aceitar	Mensagem: Nenhum resultado encontrado	Falhar	

[Tabela 5.1.2.6 Caso de teste de unidade para pesquisa Amigos].

5.2 Caso de teste para testes integrados

5.2.1 <u>Caso de teste integrado para o painel de administração:</u>

5.2.1.1 Início de sessão do administrador :

Não.	Caso de teste Descrição	Valores introduzidos	Ação executada	Resultados esperados	Atual Saída	Resultado (Aprovado/Fracassado)	Observação
1.	Entrar Nome de utilizador & Palavra-passe	Válido	Clique no botão de início de sessão	Redireccionado para a página principal do painel de administração (ver todas as estatísticas)	Redireccionado para a página predefinida	Passar	
2.	Entrar Nome de utilizador & Palavra-passe	Inválido Valores	Clique no botão de início de sessão	Mensagem: Nome de utilizador ou palavra-passe inválidos.	Mensagem: Nome de utilizador ou palavra-passe inválidos.	Falhar	

[Tabela 5.2.1.1 Caso de teste integrado para o início de sessão do administrador].

5.2.1.2 Procurar utilizador :

Não.	Caso de teste Descrição	Valores introduzidos	Ação Realizado	Resultados esperados	Atual Saída	Resultado (Aprovado/Fracassado)	Observação
1.	Entrar Palavra-chave em Caixa de pesquisa	Válido	Clique em Pesquisar Botão	Redireccionado para a página de pesquisa	Redireccionado para a página de pesquisa (Ver utilizador)	Passar	
2.	Entrar Palavra-chave em Caixa de pesquisa	Inválido	Clique em Pesquisar Botão	Mensagem: Introduzir pelo menos três caracteres de nome de utilizador, nome de utilizador, e-mail	Mensagem: Introduzir pelo menos três caracteres de nome de utilizador, nome de utilizador, e-mail	Falhar	

[Tabela5.2.1.2 Caso de teste integrado para pesquisa do utilizador].

5.2.2 <u>Caso de teste integrado para o lado do utilizador:</u>

5.2.2.1 Registo do utilizador:

Não.	Caso de teste Descrição	Valores introduzidos	Ação executada	Resultados esperados	Atual Saída	Resultado (Aprovado/Fracassado)	Observação
1.	Introduzir nome de utilizador, nome completo, palavra-passe de e-mail	Válido	Clique no botão Inscrever-se	Redireccionado para a Atividade do fluxo (ver todas as mensagens de outro utilizador)	Redireccionado para a Atividade do fluxo (ver Todas as mensagens de Outro utilizador)	Passar	
2.	Introduzir nome de utilizador, nome completo, palavra-passe de e-mail	Inválido	Clique no botão Inscrever-se	Mensagem: Nome de utilizador, nome completo, e-mail, palavra-passe inválidos	Mensagem: Nome de utilizador, nome completo, e-mail, palavra-passe inválidos	Falhar	

[Tabela 5.2.2.1 Caso de teste integrado para registo de utilizador].

5.2.2.2 Início de sessão do utilizador:

Não.	Caso de teste Descrição	Valores introduzidos	Ação Realizado	Esperado Saída	Atual Saída	Resultado (Aprovado/Fracassado)	Observação
1.	Entrar Nome de utilizador &	Válido	Clique em Iniciar sessão	Redireccionado para o	Redireccionado para o	Passar	
	Palavra-passe		Botão	Fluxo Atividade	Atividade do fluxo [ver tudo Correio de outro utilizador)		
2.	Entrar Nome de utilizador & Palavra-passe	Inválido	Clique no botão de início de sessão	Mensagem: Nome de utilizador ou palavra-passe inválidos.	Mensagem: Nome de utilizador ou palavra-passe inválidos.	Falhar	

[Tabela 5.2.2.2 Caso de teste integrado para início de sessão do utilizador].

5.2.2.3 Procurar amigos:

Não.	Caso de teste Descrição	Valores introduzidos	Ação executada	Resultados esperados	Atual Saída	Resultado (Aprovado/Fracassado)	Observação
1.	Entrar Palavra-chave Em Caixa de pesquisa	Válido	Clique em Pesquisar Botão	Ver Utilizador e adicionar utilizador no feed	Na atividade do feed (ver todas as mensagens deAdicionar utilizador)	Passar	
2.	Entrar Palavra-chave Em Caixa de pesquisa	Inválido	Clique em Pesquisar Botão	Mensagem: Não encontrado	Mensagem: Não encontrado	Falhar	

[Quadro 5.2.2.3 Caso de teste integrado para pesquisa do utilizador]

5.2.2.4 *Adicionar nova mensagem:*

Não.	Caso de teste Descrição	Valores introduzidos	Ação executada	Resultados esperados	Atual Saída	Resultado (Aprovado/Fracassado)	Observação
1.	Adicionar texto e imagem	Válido	Clique no botão Carregar publicação	Redireccionado para a Atividade do perfil	Redireccionado para a Atividade do perfil (ver todas as mensagens)	Passar	
2.	Adicionar texto	Nulo	Clique em	Mensagem:	Mensagem:	Falhar	
	e Imagem		Botão Carregar publicação	A publicação deve conter texto ou imagem	A publicação deve conter texto ou imagem		

[Tabela 5.2.2.1 Caso de teste integrado para Adicionar novo posto].

Capítulo 6

Âmbito futuro e reforço do projeto

- O âmbito futuro e as melhorias adicionais deste projeto são os seguintes:

1. Proporcionar privacidade, como ocultar a imagem do perfil, permitir ver a imagem do perfil apenas o seu, contacto

2. Postvídeo

3. Adicionar imagem de publicação com o editor de imagens (Combinar a aplicação SnapEditor)

4. Adicionar símbolo ou autocolante no comentário

Capítulo 7

Aprendizagem durante o trabalho de projeto

- Recolhemos informações sobre a aplicação INSTASNAP e visitamos os diferentes sítios Web das redes sociais e as diferentes aplicações para saber como funcionam.
- Foi uma experiência muito boa e nova trabalhar com uma nova tecnologia. Aprendemos muito durante o trabalho, pois aprendemos a adaptar um novo conceito e uma nova tecnologia. Aprendemos a desenvolver o trabalho com a investigação.
- Como desenvolver as nossas potencialidades e como dar asas aos nossos sonhos para que possamos estar no topo do mundo muito rapidamente no futuro, foi o que nos ensinaram na indústria. Somos treinados na indústria de tal forma que podemos realizar ideias inovadoras e imitar o padrão e a política da empresa sem qualquer problema.
- Estamos a ter muitos problemas com a implementação da aplicação porque os requisitos do cliente estão a mudar.
- Durante o período do projeto, estamos a gerar mais conhecimentos para o projeto em curso.
- O trabalho de projeto foi realmente uma parte integrante deste semestre, que nos deu muito prazer durante o desenvolvimento do projeto, uma vez que foram desenvolvidas muitas coisas novas em relação aos projectos e às novas tecnologias, onde foi desenvolvida pela primeira vez uma aplicação na plataforma android.

Referências

1. http://androidexample.com
2. http://developer.android.com
3. http://stackoverflow.com
4. http://www.preapps.com
5. http://www.tutorialspoint.com/android
6. https://github.com/
7. https://developers.facebook.com/docs/android/getting-started
8. https://developers.google.com/maps/documentation/android-api/
9. http://www.androidhive.info/
10. http://developer.android.com/design/material/index.html
11. https://romannurik.github.io/AndroidAssetStudio/icons-launcher.html
12. https://dev.twitter.com/mopub/android
13. https://developers.google.com/+/mobile/android/getting-started
14. https://www.youtube.com/?gl=IN
15. https://www.simplifiedcoding.net/android-upload-image-to-server-using-php-mysql/
16. http://www.androidhive.info/2014/12/android-uploading-camera-image-video-to- server-with-progress-bar/

Printed by Books on Demand GmbH, Norderstedt / Germany